非标准建筑笔记

Non-Standard
Architecture Note

非标准群化
当代建筑"群化空间"理念与方法
Unconventional
Group Space

丛书主编　赵劲松

甄明扬　编　著

中国水利水电出版社
www.waterpub.com.cn
·北京·

序
PREFACE

关于《非标准建筑笔记》

这是我们工作室《非标准建筑笔记》系列丛书的第三辑，一共八本。如果说编辑这八本书遵循了什么共同原则的话，我觉得那可能就是"超越边界"。

有人说："世界上最早意识到水的一定不是鱼。"我们很多时候也会因为对一些先入为主的观念习以为常而意识不到事物边界的存在。但边界却无时无刻不在潜移默化地影响着我们的行为和判断。

费孝通先生曾用"文化自觉"一词讨论"自觉"对于文化发展的重要意义。我觉得"自觉"这个词对于设计来讲也同样重要。当大多数人在做设计时无意识地遵循着约定俗成的认知时，总有一些人会自觉到设计边界的局限，从而问一句"为什么一定要是这个样子呢？"于是他们再次回到原点去重新思考边界的含义。建筑设计中的创新往往就是这样产生出来的。许多创新并不是推倒重来，而是寻找合适的契机去改变人们观察和评价事物的角度，从而在大家不经意的地方获得重新整合资源的机遇。

　　我们工作室起名叫非标准建筑，也是希望能够对事物标准的边界保持一点清醒和反思，时刻提醒自己世界上没有什么概念是理所当然的。

　　在丛书即将付梓之际，衷心感谢中国水利水电出版社的李亮分社长、杨薇编辑以及出版社各位同仁对本书出版所付出的辛勤努力；衷心感谢各建筑网站提供的丰富资料，使我们足不出户就能领略世界各地的优秀设计；衷心感谢所有关心和帮助过我们的朋友们。

天津大学建筑学院

非标准建筑工作室

赵劲松

2017 年 4 月 18 日

前　言
FOREWORD

在当今时代，越来越多的建筑作品将其创作重点落在了营造空间的不确定性上。在这种模糊且暧昧的空间当中，建筑既可以满足使用者的功能需求，同时也可以通过使用者自身的视知觉感受形成丰富且富有变化的空间体验。

　　实际上，人类对于这种空间的诉求最早可以追溯到原始时期。在建筑的功能与空间尚未从自然中分离出来的时候，使用巢居或穴居的原始人类就通过树林或洞穴中模糊不定的空间形成了最初的建筑感受。这些启发性的空间思维形成了日后人们所熟悉并遵循的建筑观，然而随着人类建造能力的提升与发展，这种由人的感受出发所形成的体验性的空间逐渐被由功能出发的需求性的空间所代替。在以功能需求为主导的空间中，物理空间和知觉感受到的心理空间并无本质的区别，因此人们对空间的探索性也被抑制了。随着建筑理论的进一步发展，更多的人开始重新思考建筑空间的知觉感受的意义，由此也出现了许多不同的答案。其中有一类特殊的空间类型。这种类型的建筑空间往往由成群成组的构件关联而成，其空间虽然联通成一个整体，但却又在空间中形成了模糊且趣味多样的流线和功能分区。其设计手法看似简单随意，但形成的空间却又丰富多变，给人以强烈的视知觉感受。此类空间由于其所具有的种种优势，逐渐受到世界各地建筑师的青睐。这种空间类型的构成方式和知觉特征显然值得我们对其进行深入的研究和分析。

　　早在20世纪初期，"格式塔理论"的创始人威特海默·马克斯（Max Wertheimer）就提出"群化组合"（principles of grouping）的平面构成法则：相同或相似的基本图形单元通过一定规律可以组织在一起构造出一个新的图形。在这个新的图形当中，各个单元是基于人的视知觉认识所形成的完形力联系在一起的。

不同于平面中的图形符号，空间是由物体和感觉它的人之间的相互关系所形成的，其本身无法观察也无法触摸。人们是通过感知围合空间的物体的特征，从而对空间的性质进行定义。这种特征可以是形状、色彩、甚至物体之间的关系，而如果将描述空间特征的建筑实体进行群化组合，则可以将空间作为一种基础单元组合成一个新的系统。在这个系统中每一个空间单元都可以具有其自身的特性，同时也可以相互连通形成一个新的空间。这种基于群化组合的平面构成方式、由二维向三维转化（如右图所示）所形成的空间显然与上文所描述的空间类型相符，其区分单元或者整体空间的依据则是基于人的视知觉感受。

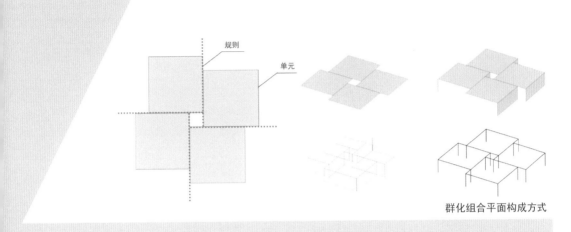

群化组合平面构成方式

　　为了深入地研究此类空间，笔者将这种基于群化组合法则建构而成的空间归纳定义为群化空间（grouping space）。即单一空间内经由某种可理解的逻辑或规则，将建筑构件基于群化组合的手法重新构建形成的外在形式上相互连通、知觉感受上分隔且区分单元的空间。其充分利用了群化组合法则的特性，形成了空间之间视知觉的微妙变化，从而获得了启发性的空间感受。在这种空间当中使用者既可以在相互连通成一个整体的空间中自由探索，同时也可以通过对每个单元空间自身特征的感知将其辨识为一个单独的心理空间。也就是说人与空间的关系是这种空间得以形成的本质。对于群化空间而言，这种关系体现在空间的设计及使用的整个过程当中，也是研究群化空间设计方法的核心。

甄明扬

2017 年 2 月

目　录
CONTENTS

01

群化空间的构成方式

在平面图形中群化组合的一般由两个主要元素构成：每个相互独立的单元以及群化组合间所遵循的规则。两种元素相互关联并相互制约，形成稳定的组合关系。

根据前文对群化空间的定义。群化组合由二维向三维转化、由实体向空间转化的过程中，由于空间形态自身是无法直接被人所感知的，因此相对于单个单元空间而言还需要由一定的实体元素或实体之间的关系描述其空间特征。基于这种构成方式，群化空间的构成要素分为：单元空间、单元特征、单元规则。

由空间构成的单元本身是无法被人直接观察到的，但是通过规则和单元特征的描述作用，人们可以从原本整体连通的物理空间中将这种空间单元分隔出来，形成与周围联系而又区分开来的单元空间。在这个过程中规则主要描述了一群单元的共性特征，而单元特征则主要描述了其个体单元的个性特征。

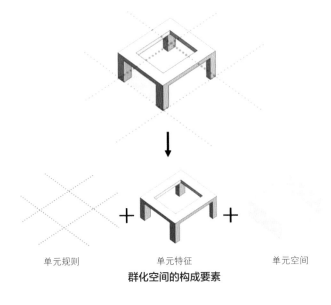

单元规则　　　　　　单元特征　　　　　　单元空间

群化空间的构成要素

PART 1

单元特征的作用及常见形式

对于群化组合中某一个单元空间而言，单元特征是通过围合空间的实体元素或实体元素之间的关系体现的。在空间中，通过规则组合、重复这种相同或是相似的空间特征，才最终形成了群化的空间组织。而通过单元特征的变化则可以营造出丰富的空间感受。

单元的特征既可以是空间中的构件形成的实体特征，也可以是通过实体规则穿透等方法形成的空间特征。

单元特征的类型

类型	组织方式	原理分析	常见案例
实体特征	线形构件	基于建筑中"柱"这种线性结构丰富变化而成的构件围合空间	多摩美术大学图书馆
	面形构件	基于建筑中"墙"这种面形结构丰富变化而成的构件围合空间	龙美术馆（西岸馆）
	体形构件	通过一定尺度的空间形体围合组织单元空间	柏林当代艺术展览馆
	屋顶构件	通过屋顶形态的变化形成围合空间的不同感受	中国日照城市俱乐部
空间特征	二维穿透	通过在面形的建筑构件上开洞、掀角等手法形成的空间特征	Guastalla 幼儿园
	三维穿透	通过在一个整体内切削出另一个完整的空间形体而形成的特征	美国 Harrow 纪念馆

通过线形构件连接自然空间

项目名称：多摩美术大学图书馆
建筑设计：伊东丰雄
图片来源：http:// www.designboom.com

为了让人们自由的穿过建筑，视线不被建筑阻挡，设计师巧妙构思随机设置了多个拱形结构，使缓坡的地面和花园与建筑连接在了一起。

这种特色的拱结构由混凝土包裹的钢板制成。混凝土构件布置在平面曲线的交点上。通过这样的方式，每一簇构件联系在一起，既限定了空间，同时也将外部的自然空间巧妙地融入建筑当中。

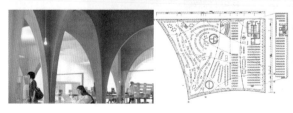

通过线形构件模仿森林

项目名称：莱比锡 Sächsische Aufbau 银行
建筑设计：ACME 建筑事务所
图片来源：http://www.archreport.com.cn

为了打破传统办公建筑中的压迫感，设计者希望通过森林中空间的自由感受重新定义办公空间。

设计师用一个完整的屋顶覆盖了整个建筑空间，下方支撑屋顶的立柱则如同森林中的树木一样林列，连接了建筑内部各个功能空间。在这样的空间当中，传统建筑本身的等级制度和死板限定都变得模糊和不确定，空间像森林一样充满了可能性。

以线形构件营造室外交往空间

项目名称：波尔多新足球场
建筑设计：赫尔佐格和德梅隆
图片来源：http://www.archreport.com.cn

波尔多新足球场通过丰富的线形构件削减了其巨大的体量，形成了丰富的室外交往空间。

即使是这样大规模的一座建筑，也可以用优雅这个词来形容。它外形平易近人，巨大的台阶模糊了室内外的界限。一束束纤细的柱子从大台阶"长"出，支撑起屋顶，同时作为台阶上的构筑物消除了其巨大的尺度感，使大台阶成为一处可以停留的公共区域。整座建筑就像一个生机勃勃的森林，孕育着无数的可能。

通过线形构件围合聚落

项目名称：树的自由——布达佩斯 Sziget 音乐节装置
建筑设计：Atelier YokYok
图片来源：http://www.foldcity.com

　　如何通过简单的装置创造出一个适合人们聚会活动的场所？

　　在 2015 年的布达佩斯 Sziget 音乐节中，一个如同树木一样的装置成为了人们观赏休憩的去处。这一装置由不规则排列的树形构件组成，但其本质仍是在水平面上 x 和 y 两个方向的空间组织，通过两个方向有规律摆放的条凳，空间被进一步划分和调整。

　　这样的构件所形成的空间既是一个一览无余的通透场所，同时也通过潜在的设计蕴含了无限的社交可能性。

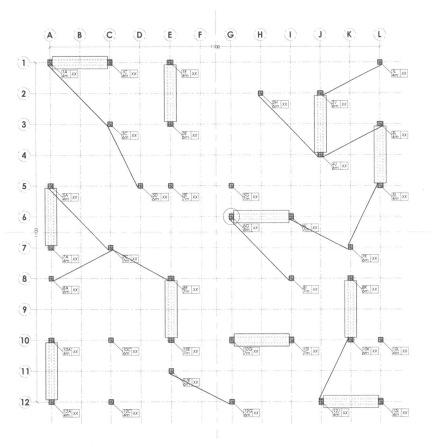

以面形构件建构空间

项目名称：龙美术馆（西岸馆）
建筑设计：大舍建筑设计事务所
图片来源：http:// www.designboom.com

　　对于当代艺术而言，除了观看，展示本身，甚至艺术的创作本身，都期待着一种不确定性。

　　参观者在美术馆中的参观过程是身体移动与意识配合的结合，借此让身体获得一种自由感。因此设计师在这一项目中选择平面相互自由穿插的墙体构件，组合成了丰富多变的空间关系。由此构建出不具有明确功能定义的空间，你很难确定你所在空间应该归属于走道或是房间，由此带来的自由感提升了参观过程的连续性和不确定性，同时也借由空间的建构重新定义了观展的意义。

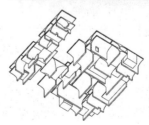

以面形构件渗透空间

项目名称：百墙教堂（100 Walls Church）
建筑设计：CAZA 建筑事务所
图片来源：http://www.gooood.hk

这座教堂并非仅仅是一个脱离世俗的圣地，而是一个需要人们去探索的神圣空间。

设计师将所有的墙面设计为沿同一方向排布，这样建筑就拥有一个完全不透明的石墙立面和另外一个完全通透的立面，两者之间，光明与黑暗交替。光线穿过林立的石墙渗入室内，空间光影变化无穷，充满神圣感。

以面形构件书写山水画卷

项目名称：轻井泽千住博博物馆
建筑设计：西泽立卫
图片来源：http://www.photo.zhulong.com

作为传统建筑构件的墙体，当其变得纤薄且自由后，可以像画卷的纸一般轻透。

在轻井泽千住博博物馆的设计中，建筑空间以现场的自然环境作为作品的背景。室内地面与地势一样起伏、倾斜，还有一系列曲线的采光井，使得整个室内空间宛如一个园林。设计师利用极薄的白色展墙进一步组织了空间，一些不承重的展墙甚至上下都与建筑留有空隙，使得原本沉重的构件变得十分轻盈，让人获得在园林中漫步欣赏山水画卷的感受。

以体形构件错落排布获得间隙空间

项目名称：柏林当代艺术展览馆
建筑设计：藤本壮介
图片来源：http:// www.designboom.com

当一些体型构件在空间上错落排布时，其相互之间所形成的间隙便成为人们使用的主要空间。

例如这一由充气结构所组成的展示装置，它能够通过浮力独自支撑起负荷。这一丰富且多样化的空间矗立在云彩间，为使用者提供了非常灵活的用途。而气球给人如云一般轻透的感受，也让人觉得空间既被其所限定又融汇成了一体。

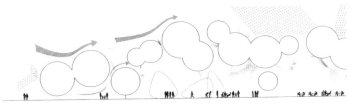

以体形构件挤压空间

项目名称：砖亭
建筑设计：先进建筑实验室
图片来源：http://www.foldcity.com

原本纤细的线性构件体积膨胀后，其外部所限定影响的空间则会根据其体积受到不同程度的挤压。例如，由国内先进建筑实验室所设计的砖亭，通过多个变形的筒状结构组织并围合空间。当人们穿行在一个个大型体量相互挤压所形成的狭小但丰富多变的空间中时，路径与停留空间的感受在不断变化和重新定义。

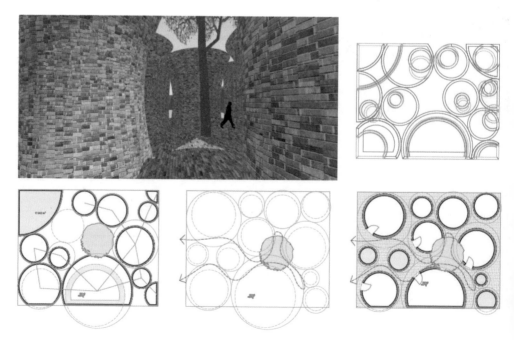

由屋顶构件干扰空间组织

项目名称：中国日照城市俱乐部
建筑设计：藤本壮介
图片来源：http:// www.designboom.com

为了将森林空间中自由的感受体现在建筑空间当中，设计者利用屋顶构件实现了空间的不确定性。

屋顶上不规则排布的天窗打乱了原本建筑空间中规则的柱网布局，使得建筑脱离了结构的理性束缚，变得更加灵动。同时，建筑师在室内外布置大量的绿植和自然景观，将建筑内部和外部空间融合成了一幅全新的景象。

以屋顶构件模仿山峦

项目名称：中国美术学院民俗艺术博物馆
建筑设计：隈研吾
图片来源：http:// www.photo.zhulong.com

　　自古以来人们都容易将建筑屋顶与山峰这一意象相互关联，但这种联系又如何对空间产生进一步的影响呢？

　　在这个项目中，建筑以平行四边形为基本单元，通过几何手法的分割和聚合，形成了山峦般的形象。其内部空间则进一步表现了这一构成方式，单元空间借由复杂的地形相互串联搭接在了一起，展览流线犹如蜿蜒向上的山路般曲折，形成一个丰富但又完整的空间。

以屋顶构件区分使用空间

项目名称：Aesop 品牌全球第 100 家分店
建筑设计：Plan 01
图片来源：http:// www.photo.zhulong.com

丰富变化的屋顶构件也可以对空间的使用方式产生影响。

在这一品牌店的室内设计中，设计师将天花板设计成翻滚层叠的空间形态，仿佛洞穴中的岩石一般错动。这种造型不但具有统一的美感，同时根据屋顶构件的变化也将店内展架旁的空间、入口空间以及收银台前的空间等形成了潜在的区分，从而对空间的使用产生了进一步的影响。

由屋顶构件联系外部空间

项目名称：法国曲面混凝土地铁站
建筑设计：King Kong 工作室
图片来源：http://www.foldcity.com

不同于一般地铁站的封闭式空间，本设计将地下空间打开，将阳光和绿植引入空间当中。屋顶随着曲面产生不同的开洞，开洞一方面解决了树木的存活问题，同时也借由屋顶的变化将空间分化成不同的单元。人们行走其中时并不会感到地下空间所带来的幽闭感，而是如同在公园中漫步一般的自由自在。

以屋顶构件模仿水墨韵律

项目名称：漂浮的云山——似水墨的日本装置艺术作品
建筑设计：野建筑事务所（Yeah Archkids）
图片来源：http:// www.archdaily.cn

在这件装置艺术作品中，人们可以体验如同水墨一般的变化与流动的空间，而这些变动实际上是由牵动其规则且细密排列的挂线所决定的。这些静态点之间所形成的微妙位置关系，形成了连续运动中的一部分，使得整个空间都随着水墨舞动起来。

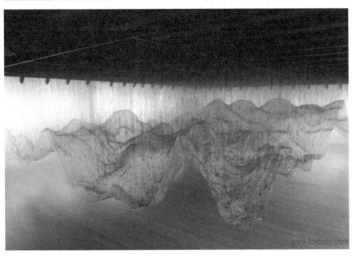

以屋顶构件构建自由秀场

项目名称：2016 春夏 Prada 秀场
建筑设计：大都会建筑事务所（OMA）
图片来源：http://www.designboom.com

不同于传统秀场舞台和观众区分离的设计方式，设计师没有使用绝对的墙体或走道来分隔秀场内的各种区域，而是通过室内屋顶天花的不同形态来区分场地中的主要时装表演区域、座位区域以及模特的行走路径。

这种潜在的区分方式使得观众和模特之间的交流更加自由且没有阻隔，整个走秀过程不再像传统展台那样死板僵硬，而是更加具有流动性。

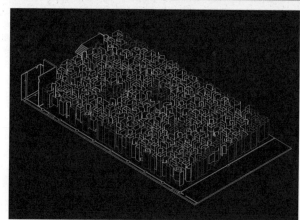

以连续二维穿透融合功能空间

项目名称：Guastalla 幼儿园
建筑设计：马里奥·库奇内拉建筑事务所（Mario Cucinella
　　　　　Architects，MCA）
图片来源：http://www.designboom.com

　　该建筑的空间设计为一系列连续变化的孔洞。通过这种连续的二维穿透，空间将多个不同的功能区域融合起来：教室和实验室之间的连接区域，被设计为充满好奇的生活区和游乐区；走道逐渐扩展，成为游戏和交往的空间。

　　这种通透的空间效果，使得孩子生活的场景联系在同一个空间向度上，有益于幼儿之间的交往以及心理的培养。

通过二维穿透烘托氛围

项目名称：斯特拉斯堡折叠教堂
建筑设计：Axis Mundi
图片来源：http:// www.archdaily.cn

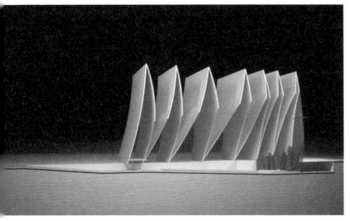

作为宗教建筑，其对于空间氛围的烘托营造是必不可少的。每一个折叠拱之间都镶有透明玻璃幕墙，教堂朝向南北开放，室内光线充足，而东西方向则逐渐变密，穿透孔洞的高度也逐渐提升。这样的设计使得空间在神坛的位置到达高潮，为整体空间效果增添了韵律感，同时也将空间有机地分为了多个部分，避免了空间变化的枯燥。

以三维穿透形成视觉反差

项目名称：美国 Harrow 纪念馆
建筑设计：WORD
图片来源：http:// www.designboom.com

当不同风格的构件和造型手法结合在一起时，就形成强烈的反差。例如，在这一战争纪念馆设计方案中，建筑外部锯齿状的造型通过沙丘刺穿，作为一种"器具"，给人以震撼的视觉冲击，让人铭记大屠杀历史教训。然而，一旦进入其中，该纪念基调完全改变：空间通过一个圆滑的曲面进行切割，将曾经出现的混乱和破坏转变成一个顺从的平静和明亮的空间。

由此创建了两个截然不同的环境，提供了一个了解大屠杀事件的强烈视觉体验，以及一个冷静反思的地方。

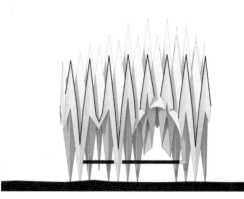

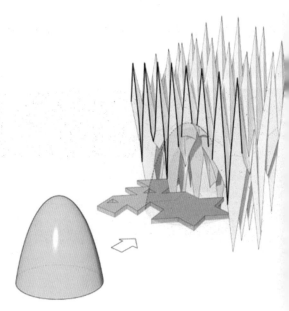

以三维穿透营造负形山脉

项目名称：颠倒的农业山区——意大利 2015 米兰世界博览会法国馆
建筑设计：法国 XTU 建筑设计事务所
图片来源：http:// www.designboom.com

为了让农业渗透进人们的生活，米兰世博会通过一个颠倒过来的山脉营造了一种非常规的空间。

原本种在地面的农作物悬挂种植在天花上，而下方被"山体"支起的空间用作人们的活动场地。这种负形的空间极大扩展了建筑的半室外场地，从而将建筑本身也变成一件展品供观众探索了解。

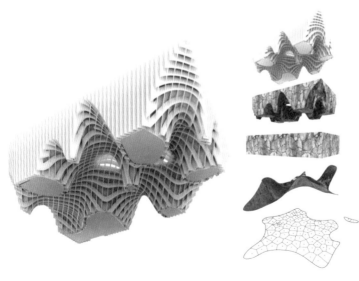

通过三维穿透生成点阵变化

项目名称：韩国现代和当代艺术的国家博物馆艺术装置
建筑设计：HG-architecture
图片来源：http://www.foldcity.com

自然界的一切都是由组件组成的，人工环境也一样。这一切开始于简单的点和线，并扩大创建面，最终形成一个空间。

此构筑物的结构是由 9076 个木制的模块通过编织和叠加构成。通过减去特定的立方体的体块，同时最大化可用空间，最大限度地减少了材料的数量，由此形成了连续运动并相互关联的"点彩"空间作品。

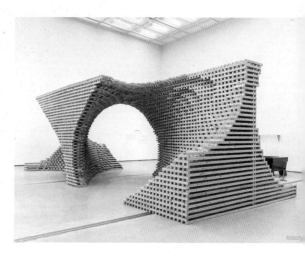

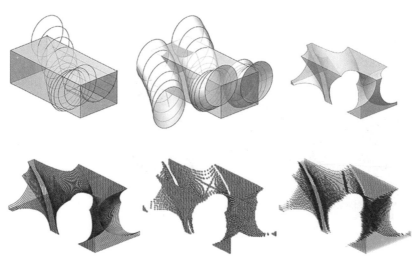

利用三维穿透融合封闭空间

项目名称：日本 Kanouse 公寓
建筑设计：Yuusuke Karasawa Architects
图片来源：http:// www.designboom.com

　　几个相互封闭的空间结构通过其他空间的三维穿透可以融合在一起，形成一个统一的整体。

　　这个项目的建筑从外看似是一个简单的立方体，但是双层的内部被十字形的墙体分隔成 8 个封闭空间，一些倾斜和独立的隐形立方体再吞噬掉墙壁与地板，形成了各个房间之间以及与外界的连通，内部空间复杂多变。

　　建筑师通过多维算法决定这些隐形立方体的角度和位置，看似随机但却又不是随机的，从而形成一种理性的不确定性。

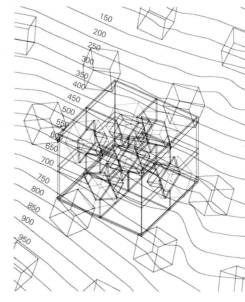

PART 2

规则的作用及常见形式

为了建立群组间的联系，群化空间需要由一套相应的规则支配整个空间的秩序。通过规则的组织，群化的各种元素聚合在一起时，通过这种逻辑性增加了其内部的联系性，从而产生完型力，形成一个整体。

规则可以是基于几何图形自身的逻辑性产生作用的（例如网格及其扭曲变体、螺旋线、嵌套图形、参数化图形、蒙德里安图形等），也可以是基于物体之间的内在联系产生作用的（例如物体形状之间的相似性、方向的相似性、位置的相似性、物体由整体到部分的分解关系等）。

类型	组织方式	原理分析	常见案例
图形逻辑	网格类图形	通过网格内部的两个主导方向限定并控制空间的组织。其变化包括扭曲、减少或增加控制线等	伯克利艺术博物馆
	嵌套图形	具有嵌套关系的图形组合或者单个图形（如螺旋线）	鄂尔多斯 100 项目之 9 号
	参数化图形	主要参数控制生成的图形，包括分形图形、双螺旋结构、泰森多边形等	台湾大学社科院新馆
内在联系	物体的相似性	由物体形状、方向、位置等特征之间相似性形成联系	KAIT 工坊
	整体到部分的关系	各部分由一个整体分裂演变而成，具有内在关联，即使分开也可辨识其相互关系	ARTLING 展览馆竞赛方案

基于平面网格布局空间单元

项目名称：丰田农业设备展示间
建筑设计：平田晃久
图片来源：http:// www.designboom.com

即使基于最稳定的网格图形，根据设计布局的不同也可以形成非常自由的空间感受。

例如设计师在此项目中通过规则的形体和建筑结构重现了自然景观中的要素：单元空间的分割遵循 5m 见方的网格规则，自由布置的墙体均被斜切成倒三角形的形态。这样的单元特征既形成了结构中的支撑构件，同时也保证了展厅中视线的封闭和参观流线的自由。

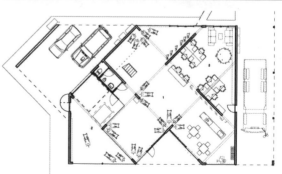

基于平面网格串联路径节点

项目名称：比利时根克布朗空洞迷宫
建筑设计：Gijs Van Vaerenbergh 事务所
图片来源：http:// www.designboom.com

设计师将 5mm 厚的钢板基于网格排列成迷宫，并在钢板上挖出较大的几何形状，最终形成了一个巨大的框架的集合空间。

基于不同的视点，网格所形成的框架或成为引导路径的片段，或者在另一些视点形成完整的几何形状，从而形成空间的节点。这种网格结构一方面弱化了几何形态的特征，将其统一；另一方面也成为形态表现要素的一部分，帮助其串联空间要素。

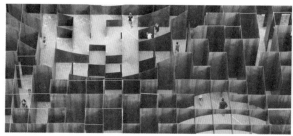

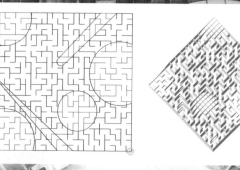

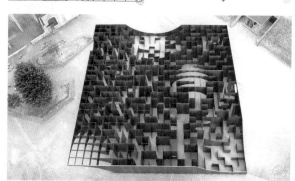

以螺旋形的向心性组织功能空间

项目名称：武藏野大学图书馆
建筑设计：藤本壮介
图片来源：http:// www.photo.zhulong.com

武藏野大学图书馆中螺旋形规则自身具有强烈的向心指引性，在这一基础上墙体的开洞大小远远超过常规经验里门洞的尺度。随着开洞尺度的增大，由螺旋规则形成的构件之间的联系被削弱。但由于螺旋形自身的图形逻辑，其向心性仍可以被辨识出来。

通过这样的手法，使空间中存在良好的导向性，从而便于使用者对书籍检索系统的使用；同时也促进了人与人的交流，使读者可以安心坐下交流学习。

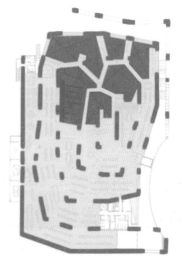

通过参数化方法生成控制规则

项目名称：台湾大学社科院新馆
建筑设计：伊东丰雄
图片来源：http:// www.designboom.com

虽然构件都是相似的仿树形柱，但设计者采用泰森多边形和双螺旋的参数化计算规则，形成了其内部丰富的相对关系，并通过计算确定的构件的疏密变化对使用者产生了潜在的暗示导引。

通过群化组合的设计方式，这座建筑最终得以与周边的景观环境相互协调，同时也创造了一个如森林般休闲、开放的空间。

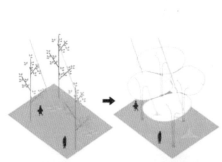

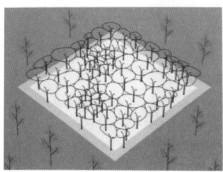

以参数化手段推演空间逻辑

项目名称：ArchDaily + IIDEXCanada 虚拟空间设计竞赛
建筑设计：Aysu Aysoy
图片来源：http:// www.photo.zhulong.com

有时候参数化手段也可以作为推演空间逻辑的一种有力工具。

法国后现代主义哲学家吉尔·德勒兹曾经提出："将一张纸进行无限次的折叠或将其弯曲地分开，每一张都会和周围的相一致"。该项目正是基于此逻辑建构的虚拟空间，这一空间由一系列的相同参数单元组成，具有个体空间的辨识特征，但同时也具有生长的潜力。

通过对相似构件的简化感知构成群化关系

项目名称：KAIT 工坊

建筑设计：石上纯也

图片来源：http://www.douban.com/note/286580551

KAIT 工坊的设计过程是基于人对于空间的简化性感知而考虑的。

与人在森林中的体验方式一样，一个人所体会并感受到的空间是根据其视知觉范围而具有层次性的。在本项目中，人所感受到最强烈的空间特征是基于其所站位置周边相邻的"柱"间的围合关系确定的。然而当人在走动过程中位置关系变化时，其相对的围合关系也是在不停变化的。

在 KAIT 工坊的设计当中，"柱"已经脱离其原本的结构概念。设计师通过间距较大的"柱关系"围合了主要的功能空间。当然在功能空间围合关系中，一些"柱"是明确作为空间界限存在的，而部分纤细或者成组的"柱"则是为了模糊空间界限。

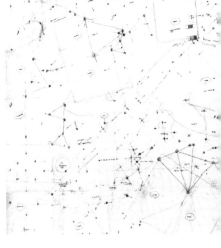

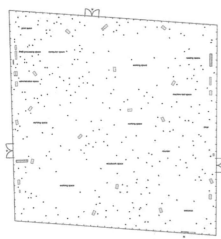

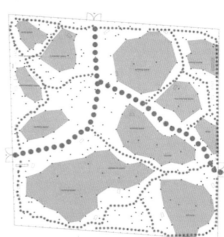

以相似构件的随机排列编织空间

项目名称：迷向空间
建筑设计：Franka Hörnschemeyer
图片来源：http://www.designboom.com

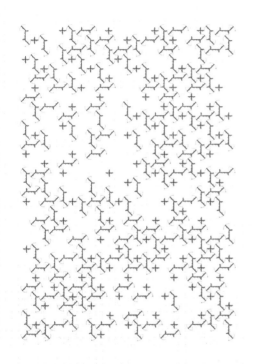

如果相似的构件在一定逻辑控制下随机排列会产生怎么样的空间效果呢？

比如，相似的门的开合像电子开关一样控制着整个空间结构的流通性。随着门的随机开合，空间不稳定性像扰动的电流般震荡，而空间则像是由此编织成的纹理，具有理性美学的随机性。

以空间特征的相似性产生联系

项目名称：米兰灯光森林装置作品
建筑设计：藤本壮介
图片来源：http://www.foldcity.com

　　该项目基地曾经是个剧院，设计师希望通过使用聚光灯向剧院辉煌的过去致敬，以"光"这种空间特征的相似性连接起了时尚、空间和自然。

　　设计师将聚光灯悬挂至高高的天花板上，直泻而下的光束在地面上形成一个个光锥体，这些灯光瞬息万变，不断调整着位置与光束大小，进而创造出有如森林般的感觉。人们在"森林"里游逛，仿佛受到光的诱惑。灯光与人影相互交错，一方的变化不断改变并定义着另一方，形成了动态变化着的群化关系。

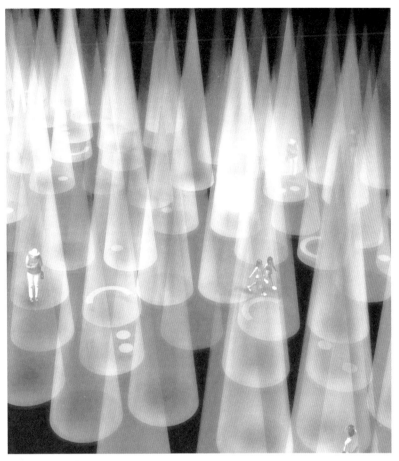

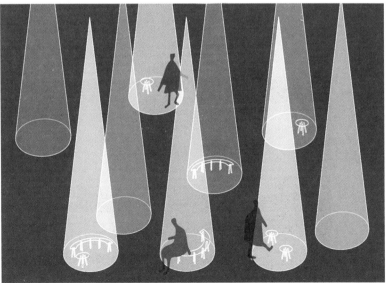

通过分解关系维持空间内部联系

项目名称：Artling 展馆竞赛
建筑设计：23.5 G-Architects, Bence 等
图片来源：http:// www.designboom.com

其设计概念为一个根据需求可变的开放展厅。当单元完全闭合时，内部包含的一个完整的长方体空间可以用于售卖等功能。而当单元展开时，其内部形成开放且相对规整的展览空间，展览空间与外部空间自然过渡、巧妙融合。

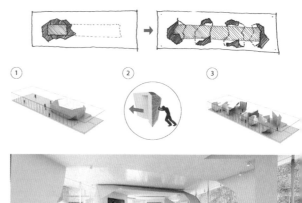

33.00m

主入口 →

餐厅

店铺

吧台

展厅

10.50m

1   10
0.5   5

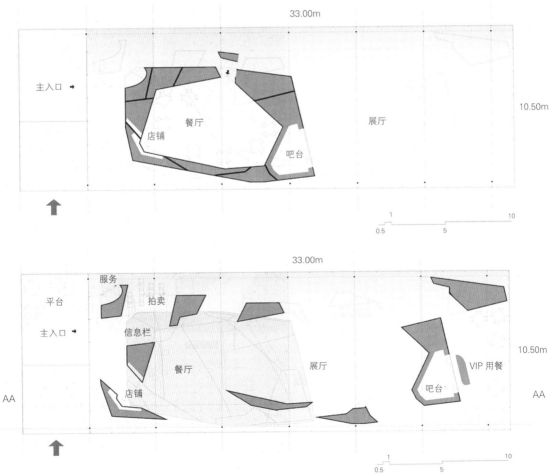

33.00m

服务

平台

拍卖

主入口 →

信息栏

餐厅

展厅

店铺

吧台

VIP 用餐

10.50m

AA

AA

1   10
0.5   5

通过分解关系形成构件相似性

项目名称：第 29 届圣保罗艺术双年展临时空间
建筑设计：巴西建筑师 Carlos Teixeira
图片来源：http://www.gooood.hk

在这个临时装置中每个展品都是独立的，但同时又是相互联系的。

其通过一个最初的图形迷宫分解而得。通过一定随机的摆放，人们可以在其间快乐地活动，然而在这种随机下依然可以根据其形态之间的关系找到其相似性，从而将其联系到初始的整体状态。

02

群化空间的空间导引策略

通过群化组合建立起的空间系统并非一定就能体现出空间的模糊性和不确定性。因为完全均质的群化空间内部无法根据人行为需求的不同而产生功能和流线的区分。因此建筑师需要利用设计手段使空间产生变化，从而对使用者进行心理的暗示与引导。

在群化空间的空间导引中，通常分成两种倾向：一种为群化空间中的单元特征起主要的导引作用，而规则相对单一或随着特征的引导变化；另一种则是规则作为引导的主要方式，单元空间的特征相对统一或随着规则的引导变化。很少出现单元特征与规则均发生很大变化的案例。这是因为群化空间由于受相似法则的约束，需要群化组合中的物体具有一定的相似性才能被辨识为一个整体。单元相似的类型自然符合这一法则，而在单元特征变化较大的类型中，统一的规则成为了将变化较大的单元空间联系起来的一种方式，在稳定的规则的作用下这些单元仍然可以被识别为一个系统。

如下图所示，图 a 为相同单元在相似单元特征影响下形成群化组合；图 b 为单元不同的情况下，通过规则的引导而形成的群化组合；而在图 c 中，单元特征与规则均产生复杂且无关联的变化，最终无法形成群化组合关系。这是因为一方面在这类空间中单元间个性与共性均无法发挥作用，无法成为有联系的群组，因此其空间的群化特征无法成立，反而变成了杂乱无章的空间形式；另一方面，根据逆简化法则群化空间的变化逻辑需要被人所感知并理解，而在这种情况下人们很难感知空间对其的引导意向，更难以理解其构成逻辑，因此容易使人产生厌烦甚至恐惧的情绪。

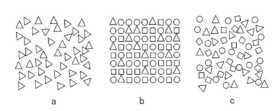

a   b   c

PART 1

以单元特征为主的空间导引策略

在群化空间当中以单元为主导的心理空间表达主要分为：单元连续、单元量变、单元质变、分组对比。这几种作用方式都是通过单元心理空间个性的特征变化形成心理空间的差异性，从而暗示导引人们在其中的行为。因此这种变化是基于单元重复的变化组合，每一个单元均可以体现其自身的空间特性，而当其与其他单元组合在一起时又可以产生丰富的变化关系。相较于规则的变化所形成的作用方式，这种方式更加强调单元的独立个性和单元间的运动关系。

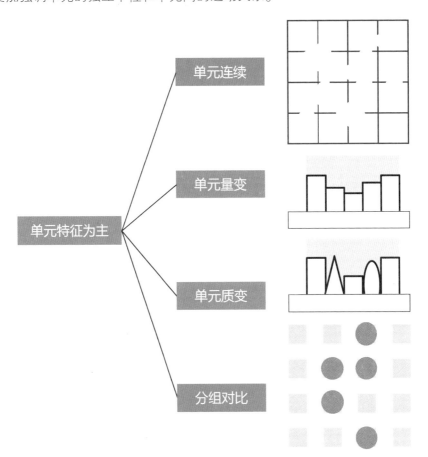

1. 单元连续

单元连续主要是借助空间中单元特征的不同变化，通过视觉将原本分隔开的各个心理空间联系起来，从而形成对人的暗示导引。这种手法中单元的连续是相对于规则的分割性而言的，因此通常选取均质且封闭的规则。而单元则通过围合空间的构件尺度变化或者连续变化的墙体穿透等方式形成空间连通的丰富性。

2. 单元量变

单元量变的空间导引方法主要是指通过群化空间中相似单元空间特征的差异性（高低、宽窄、色彩等）形成空间氛围的变化关系，并通过这种变化中所蕴含的空间特征的辩证对比，形成空间感受上的差异，最终实现对参观者进行空间导引的目的。

3. 单元质变

在另一种情况下，单元的空间特征量变化较大而产生了质的区别。这种区别成为人对空间进行分类的依据。不同的空间尺度和室内材质使得每一个空间都具有自身独特的空间属性，使其与其他单元区分开。由此形成的空间单元既通过材质和布局形式保持一定的相似性，又通过其自身的空间特征与其他单元区分开。

4. 分组对比

分组对比导引的手法实际上是由两组元素构成的群化空间。根据前文相似法则的分析，两组不同的元素通过相似规则的整合以及组内的相似性的联系也可以形成群化组合关系。这样形成的两组元素相互交错、相互对比。而空间的导引则产生在同组空间感受的延续及异组空间感受的差异对比上。

以掀开动作形成单元连续

项目名称：伯克利艺术博物馆
建筑设计：伊东丰雄
图片来源：http://jianzhu.pingxiaow.com

伊东丰雄所设计的伯克利艺术博物馆由按照各个功能的尺度、形状及其相互关系绘制的网格构成。这种网格规则自身体现为完全均质的封闭实体，而设计者将网格的边缘在交叉处掀开，既保证了房间本身的空间界定，同时网格内空间的边角也通过剥开的方式创造了空间的连续性。

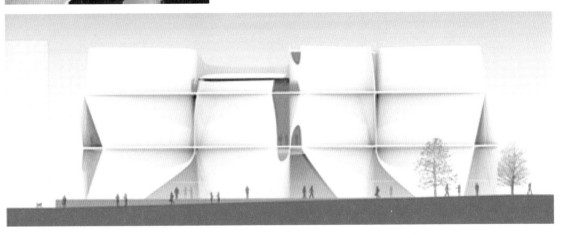

以边角切割形成单元连续

项目名称：Bad Thoughts 坏想法展览
建筑设计：SO-IL 建筑事务所
图片来源：http://www.gooood.hk/bad-thought-by-so-il.htm

　　设计师通过在展墙交接联系处开洞的方式，将整个展览空间联系起来。在其中参观的人们可以自由选择参观线路。传统展厅中的走道与展区分隔融合在了一起，从而产生了基于参观者个人知觉感受的空间。

　　作为人的主要活动层面的建筑空间是完全连通的自由空间。每个单独的展室通过连接处约 2.5m 高的洞口相互联系在一起。而在洞口之上的平面中，建筑空间则演变为多个完全封闭且相互独立的网格空间。人们在空间中会由于头顶上方空间的暗示而将每个独立展室通过知觉完型为单独的封闭空间。

以漂浮构成单元连续

项目名称：漂浮的墙壁
建筑设计：Sasaki Architecture
图片来源：http://www.archdaily.cn

设计师在设计中是要创造一个带有浮动墙壁和柱子的开放式空间。这里的梁和其他组件将会重新设计，空间也被重新定义。首先将天花板拆除，把横梁做成了一个漂浮在四周的墙壁，同时灯饰也被用来提高漂浮的感觉。作为出租的房间由墙体下面的透明玻璃进行分隔。

整个墙壁是浮动的，象征着这里曾经有过的压迫感，而现在经改造后变成了一个令人印象深刻的空间。

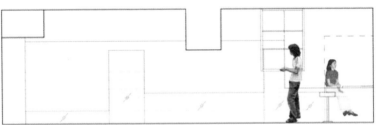

+2650

+2000
+1800
+1700

+1200
+1000
+800
+700
+600
+300

± 0

以空间高度变化形成单元量变

项目名称：卢布尔雅那伊斯兰中心
建筑设计：Dean Lah、Milan Tomac 联合设计
图片来源：http://www.foldcity.com

设计师将伊斯兰建筑中穹顶的元素提炼出来作为建筑空间的母题，在建筑当中相互联系的穹顶单元既是空间符号的装饰物，也是空间中人活动的引导者。通过调整相邻穹顶单元的竖向空间形态，可以使人们在其中行走时感受到不同的空间压力。

建筑外立面周边的穹顶单元的竖向尺度较小，其单元连接处多直接接地，通过这种方式，单元既是屋顶又是墙体，形成了建筑沿外侧相对小尺度的建筑空间。而中心内部的公共空间则通过多个单元集合架空的方式形成大空间，单元则只表现在屋顶上，由此形成的公共空间虽然尺度较大，但却依然保持了空间的整体规则。

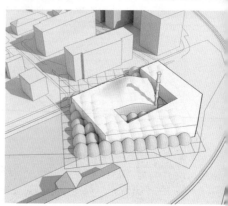

以构件形态变化形成单元量变

项目名称：印度文化节景观凉亭（Pavilion of Canopies
　　　　　for Indian Cultural Festival）
建筑设计：Abin 设计工作室
图片来源：http://www.archdaily.cn

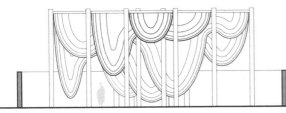

　　设计团队利用 19 个磁盘来呈现这一场景，38 个波浪状的面板会被布帘覆盖，贯穿整个凉亭，再加上地面上"点点繁星"的装饰，吸引了大批游客前来参观。

　　这个看似梦幻的凉亭配上生长繁茂的森林景观，在某种程度上也像极了中国山水画里那种虚无缥缈、仙气十足的场景。单个构件的形态变化最终组合在一起形成了整体的空间氛围。

以角度区分形成单元质变

项目名称：韦伯教堂公园展馆
建筑设计：Cooper Joseph
图片来源：自绘 +http://www.photo.zhulong.com

　　韦伯教堂公园展馆设计中，设计者将同一片屋檐下的空间通过屋顶的变化区分成了不同的空间单元。

　　在外形统一的屋檐内部，形成了四个不同的屋顶，每个屋顶由于其上方天窗位置角度的区别产生了些许变化，正是这些变化将四个区域分开，形成了四个独立的空间。

屋顶轮廓变化形成单元质变

项目名称：丹麦奈斯特韦兹医院新癌症咨询服务中心
建筑设计：EFFEKT 事务所
图片来源：http://www.photo.zhulong.com

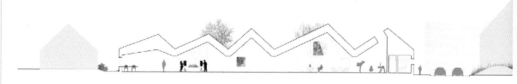

这个咨询服务中心由 7 个屋顶轮廓各异的房子围绕两个庭院组成。每个房子都有自身特定的功能，其中包含了图书馆、厨房、谈话室、休息室、商店、体育馆和健身设施等功能。然而这些功能组合起来的房间内部却是一个连通的整体，由此形成了一个连续的空间序列。

这些房间各不相同，患者可以在里面进行咨询、治疗和互动等各种活动。绝大多数房间是相互连通的，患者在其中不会感到封闭或者压抑，而是如同在一个大的起居室一样自在放松。

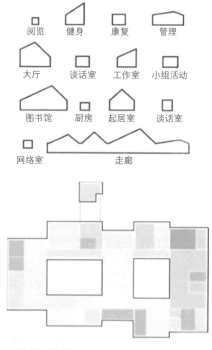

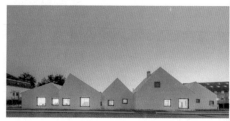

剖面轮廓特征形成单元质变

项目名称："九房间"建筑竞赛获奖作品
建筑设计：Norell/Rodhe 建筑工作室
图片来源：http://www.foldcity.com/thread-1569-1-1.html

在波兰犹太人纪念碑的设计竞赛中，这一称作"九间房"的作品脱颖而出。其设计理念源于第二次世界大战德国入侵波兰时期9个救助过犹太人的波兰家庭。建筑师将这9个家庭的住宅中具有空间特征的建筑剖面轮廓进行提取，再次创作了这一座纪念性的景观雕塑。不同的残破墙体断面将9个房间的空间特征围合出来，还原了9个家庭的鲜活历史。废墟一般的雕塑形态则体现了战争的残酷。

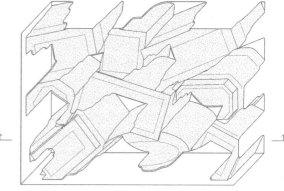

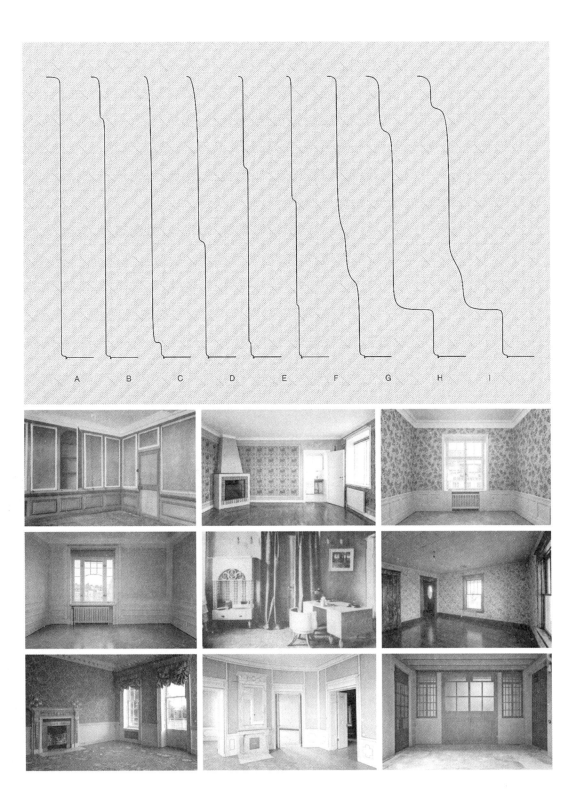

空间形态区别形成分组对比

项目名称：巴米扬文化中心
建筑设计：GSMM Architetti、G.Boretti Design Team Boretti
图片来源：http://www.weheart.co.uk

该建筑在这种常规的蒙特里安式方格网的组织下却通过单元空间的形态将内部空间再次区分。一部分空间通过水平屋顶体现为常见的立方体空间，另一部分空间则通过屋顶的变化形成坡顶房屋的空间形态。人们行走在其间，仿佛行走于一个小的村落中一般。模仿坡顶房屋而形成的单元空间与常规的空间使人在获得的空间感受上产生明显区别。通过这种空间感受的区别进一步细化了群化空间中的功能属性。

屋顶形式区别形成分组对比

项目名称：La Madeleine 媒体图书馆
建筑设计：法国 D´HOUNDT+BAJART 建筑事务所
图片来源：http://www.gooood.hk

　　该项目利用群化组合手法构成的屋顶，由两种不同却相似的构成单元组成。在外圈的屋顶单元由倾斜的三角形折板构成，而内侧的屋顶则是在三角形网格内部升起一个较小的三角形采光顶窗。内侧单元由于采光顶的原因，形体高耸，层高更高，由此形成了图书馆的主要活动空间。而靠近边缘的单元层高较低，空间尺度较小，且临近窗边适宜观看外侧花园，由此形成了图书馆的主要阅览空间。

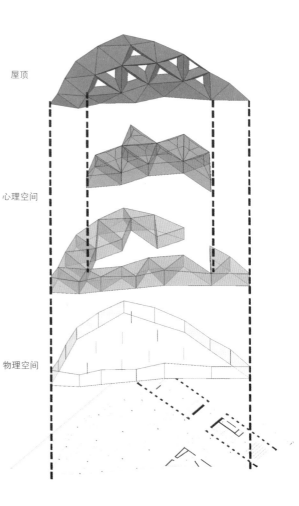

屋顶

心理空间

物理空间

PART 2

以规则为主的空间导引策略

在群化空间当中，以规则为主导的空间导引策略主要分为：形态诱导、连续变化、内在逻辑。这些作用方式都是通过群化空间中规则的变化产生对单元空间的共性变化，从而形成对人们的暗示导引。由于群化空间规则往往起到支配整个空间的骨架作用，因此基于规则的变化方式往往表现为空间整体的协同作用。相对于单元变化的"分"的方式而言，规则的变化则更倾向于"总"的方式，所形成的群化空间也更具有整体性和流畅性。

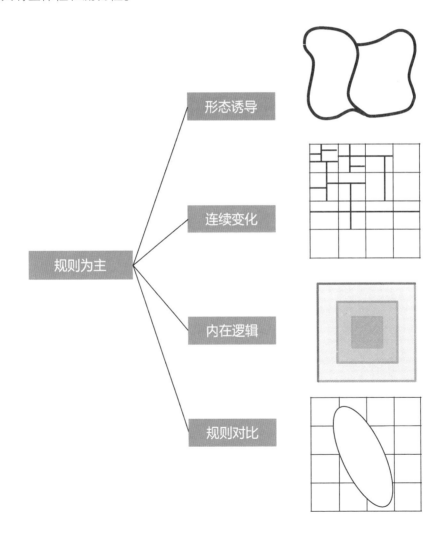

1. 形态诱导

在这种情况下诱导人们进行参观的实际是空间本身流动般实体形态的完形组织能力，而非规则整体的逻辑关系。由此形成的空间中，人们行进的方向更多是由空间本身的特性所决定的，因此人们在其中往往可以更加体会到空间所带来的流畅感。

2. 连续变化

规则的连续变化是群化空间设计中的常见手法。在群化空间中，由规则变化产生的对比更易于被人们感受到。相对于单元特征的对比导引，规则中的对比关系主要体现在建筑整体空间的宏观变化上，而非单元尺度的空间对比。

3. 内在逻辑

以规则的逻辑关系为主要作用方式的群化空间通过构成规则自身所具有的逻辑性引导空间中人的行为。也就是说，规则所具有的几何或者数理逻辑被人所理解后，其本身就成为一种强烈的完形力，导引着人们的行为。

4. 规则对比

这种方法通常应用于建筑空间的改造设计中，设计师通过引入一个与原有空间产生冲突性差异的全新规则逻辑，使新空间同时受限于两套逻辑规则，从而产生出丰富的空间可能性。

由墙面形态诱导行为

项目名称：康宁玻璃艺术博物馆
建筑设计：托马斯·菲弗和合作伙伴（Thomas Phifer and Partners）
图片来源：http://www.gooood.hk

建筑师的灵感来自于白色云层的意象，其设计了一系列由柔和曲面墙所限定的空间，以便将艺术、环境与空间统一在一起。

在空间当中起到引导和区位作用的是墙本身的弯曲形态。这种弯曲而衔接顺滑的形态将观众的路径自然地体现出来。在空间当中引导人们流线变化的是墙体自然扭动的形态，而人流则像在其中穿行的溪水一般顺畅自然。

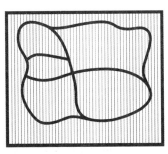

由连续的孔洞形态诱导行为

项目名称：猫桌
建筑设计：零壹城市
图片来源：http://www.lycs-arc.com/Project_CN/832

设计师通过在平坦的桌面下方挖掘出错综复杂的隧道和孔洞的方式，为宠物猫营造出一个可以肆意玩乐的空间，同时开放式的设计也为猫与人的互动提供了方便。

流动但又具有明确方向的隧道既限制了猫的行动范围，也诱导了它们的行为。

由剩余空间形态诱导行为

项目名称：INSTABILITY 鱼缸
建筑设计：马岩松
图片来源：http://www.iarch.cn

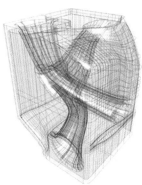

设计师通过将鱼不常去的空间减去，形成了一个特殊的空间。在这个空间当中，鱼的行为实际上是被剩余空间特征的形态所诱导的，而非被删减后剩余的空间就全部是鱼乐意游动的地方。

在这样的前提下，鱼的行为受到了空间形态的影响产生变化，实际上也可以说是那些低频使用空间被改变而引起的新的变化。

基于网格受力形态产生连续变化

项目名称：斯洛文尼亚新梅斯托中央市场
建筑设计：Enota
图片来源：http://www.weheart.co.uk

不同于古典的十字拱形空间，在这个空间中拱的分布如同被拉开的丝网一般，自由但又充满运动的张力。仿佛有一双大手将这丝网向两边拉扯。拱形结构在建筑的两侧相对密集而在中间则相对稀疏。通过这样的方式既将建筑中部的下行入口彰显出来，也通过"紧—疏—紧"这样的变化方式强化了空间中沿纵深方向的运动感。

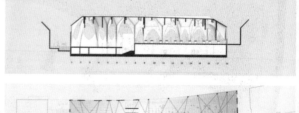

基于网格曲直渐变产生连续变化

项目名称：中国美术馆
建筑设计：大都会建筑事务所（OMA）
图片来源：http://www.blog.sina.com.cn/s/blog_4c2aefb201013tmn.html

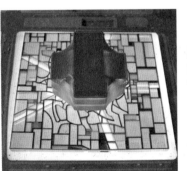
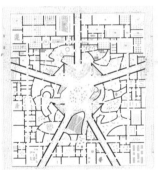

一个大尺度的复杂空间无疑是容易让人迷失的，但是设计者通过由曲到直的变化过程暗示了空间的层次。这种由曲到直的变化既可以理解为城市空间向艺术空间的渐变，也可以认为是建筑功能由规则向自由的变化。借由这样直观的空间组织形式，在参观的过程中人们会更加深切地体会到从日常生活中逐渐走进艺术殿堂的感受。

基于几何同构产生连续变化

项目名称：西班牙科尔多瓦当代艺术中心
建筑设计：Nieto Sobejano Arquitectos
图片来源：http://www.foldcity.com

西班牙科尔多瓦当代艺术中心的灵感来自于传统的伊斯兰建筑：通过一种潜藏的几何法则变化产生同构多变的复杂几何图案。在这里，人们完全忽略等级意识，自由抒发个人的艺术灵感。开放式的艺术实验室为公众提供了更多的机会去实践、去表达各自的内心想法。外部多边形结构存在于整个动态的空间内，整个建筑沿着屋顶平面和立面的结构展现出一种无限的可扩展性。

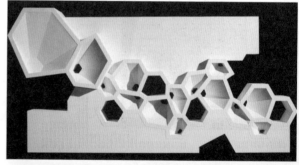

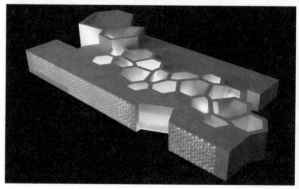

基于尺度渐变产生连续变化

项目名称：Vinaros Sea Pavilion
建筑设计：ROSO 事务所
图片来源：http://www.weheart.co.uk

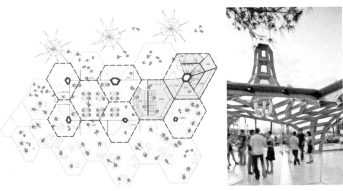

整个装置的构成规则由逐渐变化的六边形图形组成，规则变化形成了不同尺度的空间单元，也因此成为了不同性质的使用空间。

基于嵌套关系的内在逻辑

项目名称：House N
建筑设计：藤本壮介
图片来源：http://www.weheart.co.uk

在这个建筑当中整个空间是由三个嵌入层次构成的，最外部的一层覆盖了整个场地，其内部的庭院是外部空间；第二个层次则是在其包围的外部空间中形成的具有局限性的场所；而最核心则为第三个层次，这里的空间限定得更小也更加私密。同时设计者通过开洞的方式在这三层构件上形成了与外界的沟通，然而由于层次的嵌套关系，这种沟通同时也是暧昧而模糊的。

基于嵌套关系的内在逻辑

项目名称：鄂尔多斯 100 项目之 9 号
建筑设计：藤本壮介
图片来源：http://www.weheart.co.uk

设计师将原始居住地的概念之家转变为一个实体之家，将所有都融化成自然和人工建造的。一座房屋、一个城市、一座花园、一个森林、一座牧场，这些均类似于古代城市遗址自然景观。这种层层嵌套的空间结构可以成为区分住宅内部功能空间的依据。最终将人的居住融于自然当中。

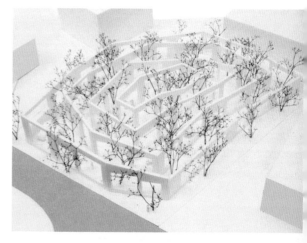

基于折叠的内在逻辑

项目名称：2016 SS Miu Miu Show
建筑设计：大都会建筑事务所（OMA）
图片来源：http://www.oma.eu

大都会建筑事务所采用折叠的特殊方式设计了普拉达（PRADA）品牌巴黎 2016 SS Miu Miu 秀场，通过在一个连续但又折返的墙上开洞的方式，秀场形成了丰富的空间效果，同时仍保留了连续墙体的表里关系，由此限定了空间的逻辑，形成了丰富的群化空间。

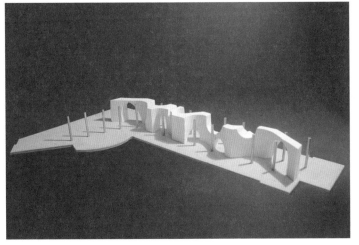

基于形体分解的内在逻辑

项目名称：MM1– 现代艺术展览室
建筑设计：Rintala Eggertsson Architects
图片来源：http://www.iarch.cn

　　展厅由四个从同一完整体量中分割出来的小陈列间组成，展示当代艺术。建筑被划分成四个展览区，行人能够穿过广场。介于两者之间的区域将作为内庭，而高大的板栗树则成为了华盖。通过分割的设计手法，展览装置在进行摆放和移位后，依然可以保留被拆散的构件之间的相互联系，从而形成一个整体空间。

由曲直差异形成规则对比

项目名称：日本 Saohngami-ohno 公寓项目
建筑设计：MAMM 设计
图片来源：http://www.iarch.cn/thread-29832-1-1.html

设计师在改造原有住宅的过程中，插入了三面有一定弧度的墙壁，它们并不像我们平常见到的墙壁将空间完全封死，而是与天花板有 20cm 的间隙。墙壁外侧为每个家庭成员的隐私创造了一个空间，原本空间的墙壁和曲墙巧妙连接。分离与连接并不是一成不变的，当处于其中的家庭成员运动时，空间和家庭之间的关系在每一个瞬间都在改变。

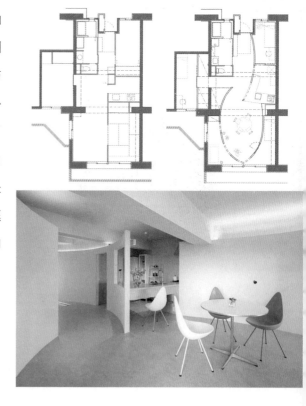

由倾斜差异形成规则对比

项目名称：High Rise 住宅
建筑设计：ROSO 事务所
图片来源：http://www.weheart.co.uk

　　在对住宅的改造设计中，设计师引入了一个十字形的斜墙，这将原本内部的水平空间体系打乱，两者相互交错，使得空间在两种规则的支配下产生了不确定性。

　　这种由倾斜所产生的差异，打破了日常生活中规整的空间感受，使得局部的差异影响到生活的各个方面。

03

群化空间内部的转化与演变

　　由于群化组合理论的本质特征，群化空间作为简单与复杂的统一体，其本身包含着丰富的辩证关系。群化空间由单元空间作为基本型，通过规则组织建构的方式决定了建筑空间在设计过程当中必然伴随着空间与实体转化。这种转化主要体现在规则的作用方式上，当规则通过实体围合限定空间单元时，群化空间则以实体为主；而当规则变成隐含的逻辑关系，其通过构件等特征间接影响并围合单元空间时，群化空间则以空间为主。

　　根据视知觉的一般规律，实体的感知要强于看不见的关系。因此当规则以物理实体形式出现时对内部单元空间的影响力最强，对建筑空间的感受和氛围起到决定性的作用；相反当规则表现为隐含的逻辑关系时，其影响力则较弱，空间的感受和氛围主要是通过单元特征展现。

　　虽然构成方式相似，在空间与实体的转化中，群化空间却可以体现出完全不同的空间意象。根据群化空间中空间与实体的比例及作用方式，可将其分成两种极端情况下的类别加以分析。实际上，这两种类别是群化空间动态变化中的两极。

空间为主	图书馆	公共建筑外部空间	居住建筑	展览建筑 实体为主
空间同一性强 人的流动性弱	办公建筑	景观装置	临时建筑	空间同一性弱 人的流动性强

以空间为主的群化空间

　　当群化空间偏向空间一侧，空间主要由单元特征所描述，因此主要通过添加构件形式生成，此类通过"加法"生成的群化空间，其主要特征是：由于单元空间之间的同一性极强而加强了"屋顶"在空间中的作用，形成了"之下"的空间视知觉形式动力式样。

　　这种"之下"动力式样往往容易与森林、伞、屋檐、温室等空间意象产生同构。在这类空间中往往可以激发人与人交流联系的欲望，同时也适宜人驻足休憩，令人感到心神安定，因此相对更适合于图书馆、办公建筑、景观装置等。

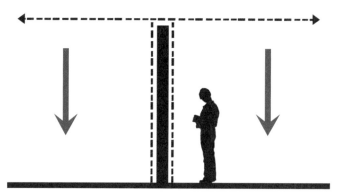

以实体为主的群化空间

当群化空间偏向实体一侧，空间主要由实体化的规则所描述，因此通过穿透的方式形成单元空间之间的联系。此种通过"减法"所形成的群化空间的主要特征是由于其单元空间同一性弱，因此对于方向的暗示性加强，水平向的方向性被强化，形成了"之间"的空间视知觉形式动力式样。

这种"之间"动力式样往往容易与洞穴、迷宫、峡谷、废墟等意象产生同构。由于实体规则在空间上所体现的复杂性，此类空间往往更易激发人们的探索欲望，促进人的活动，从而适合于展览建筑、临时建筑；又或者因为其空间单元较强的封闭性使人体会到庇护感而适合居住建筑。

PART 1

竖直方向上的转化

竖直方向上的转化规律主要体现在竖向空间中空间与实体的转化。在如下图所示的演变图例中，在群化空间的基本形式由左侧的空间为主的 a 向右侧的实体为主的 c 的转化过程中，处于中间状态的空间图示 b 并非明确含有实体化的规则，而是根据理解方式的不同兼具其特征。

这种转化的中间状态可以看做是两个相互连接的柱形构件，也同样可以认为是一个整体墙面上开洞形成的空间。空间向实体转化的过程如同植物生长的过程一般，表述单元特征的构件间相互纠结与联系将规则的表达逐渐明确化。而由于理解的不同侧重点，处于中间状态的群化空间往往可以兼具两端空间形式的一些特征。

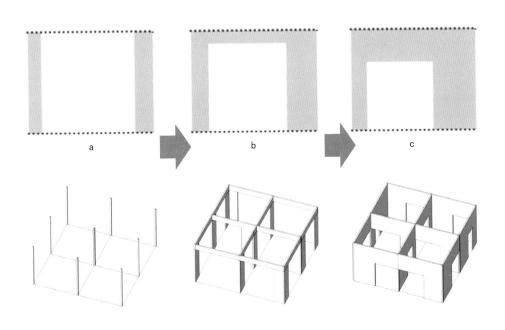

空间为主　　　　　　　　　　　　　　　　　　　　　　　　　　　　　　实体为主

a　　　　　　　　　　b　　　　　　　　　　c

空间为主：由端部链接形成多种场景

项目名称：连接泡沫
建筑设计：YEAH ARCHKIDS
图片来源：http://www.archdaily.cn

　　每当观众进入柱阵，并随意连接两根装了金属电极的泡沫管，便形成了一个建筑学里的基础空间符号：拱形。同时触发一个电信号回路，被电脑解译成一个与拱形相关的虚拟空间场景。观众不停连接泡沫管，就有更多的相关虚拟场景被触发，多个场景形成一个故事。由于泡沫管被连接的顺序不同，场景出现的次序不同，导致每一次形成的故事逻辑都是不一样的。最终它们形成一系列的虚拟平行世界，组成一个新的宇宙系统。

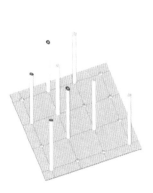 

中间状态：线性构件在顶部相互联系

项目名称：美国城市广场 Air Forest
建筑设计：Mass Studies–Minsuk Cho + Kisu Park
图片来源：http://www.photo.zhulong.com

这一使用充气装置建造的临时空间，给公园提供了一个适合活动、休憩的场所，通过线性构件在屋顶上的连接，不但限制了空间的点，也通过连接的构件限制了单元空间的边界，使得空间保持通透性的同时还具有一定的私密性。

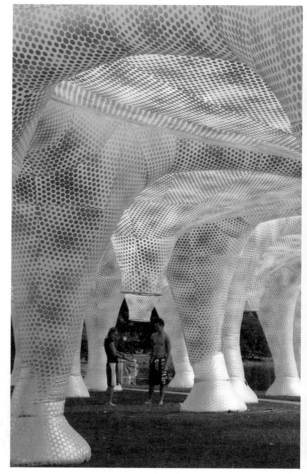

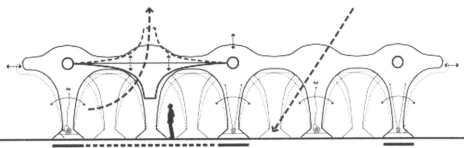

中间状态：以屋顶与地面联系划分空间

项目名称：重庆 s.n.d 时尚店 3GATTI
建筑设计：藤本壮介
图片来源：自绘 + http://www.photo.zhulong.com

当设计师开始这个店铺的设计构思时，其理念为所有的设计元素都是"从天而降"，因此顾客将有充足自由的购物浏览空间，而不是被一般店铺底面中所摆放的家具和销售单品所阻碍。尽管店铺的面积规模不大，但上万片的垂坠片却绵延不绝，设计中安置的镜面玻璃巧妙地缓解了这个问题，与此同时还创造出了缥缈的内部环境让购物者忘我并迷失于这片时尚"帘洞"中。

中间状态：由洞口穿透融合空间

项目名称：鸿坤美术馆
建筑设计：槃达建筑（Penda）
图片来源：http://www.gooood.hk

传统意义上的门代表着空间之间的隔阂，而当其只剩下洞口时，则代表了一种沟通的欲望和潜能。

在这个项目中，原本传统且规则的建筑空间通过这种最简单的方法将各个空间融合在了一起，使建筑既保持了原本的空间格局，又获得了特殊的空间感受。

实体为主：以竖直方向摇摆形成变化

项目名称：登别公共住宅
建筑设计：藤本壮介
图片来源：自绘 + http://www.photo.zhulong.com

藤本壮介所设计的登别共同住宅，其设计母题为：居住在空间的大型摇摆之中。设计师以一个3m×3m为规则构筑框架网格，网格在垂直方向缓慢地摇摆，借由摇摆所产生的分离和连续性使得场所产生变化。一部分网格内为卧室和起居室空间，另外的一些空间则为单个房间或者水景。建筑整体空间通过单元的群化组合有规律地运动，从而形成了摇摆的空间形象。

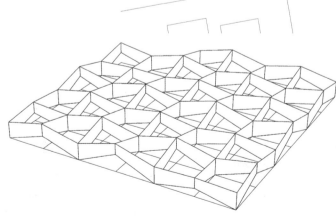

实体为主：通过局部开洞保持空间连续性

项目名称：云剧场
建筑设计：Aether 事务所 + Futurelab
图片来源：http://www.archdaily.cn

在这场展览中，我们尝试从城市的再思考的角度出发来探索城市的主题，从而提出"剧场"（由日常碎片组成的混合体）的概念。

通过一个连续的弧形薄墙，以及墙上各种开洞，空间由最简单的内外限定变化成更多丰富的场所和单元。然而基于局部开洞对整个规则较小的影响，使得空间仍在形体的影响下保持了较强的连续性。

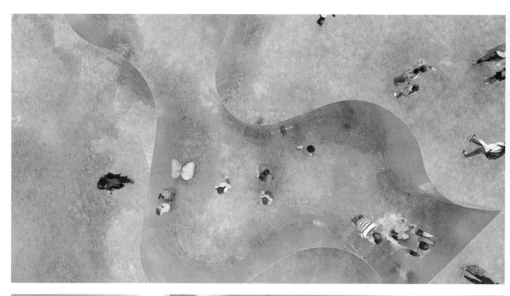

实体为主：以袋状围合营造特殊空间感受

项目名称：霾——2015年广州设计周共生形态馆
建筑设计：广州共生形态设计集团
图片来源：http://www.archdaily.cn

装置由几个向心的盒子相连接，整个装置只有入口。观众从设定的入口进入后，可以看到不同的投影画面被分别投射在玻璃屏幕上和地上，若干电子屏幕被设置在空间的尽端，观众可以隔着玻璃看到外面的世界，却无法走出这个神秘的空间，只能原路返回。渐变夹胶玻璃的材料让人产生迷幻虚无的感觉，这就好像正弥漫在中国城市中的霾，它让人们彼此看不清对方。

PART 2

水平方向上的转化

水平方向上的转化规律主要体现在水平空间中单元特征向规则的转化，其中一定程度涉及到毯式建筑的空间组织关系。

　　如下图所示的三种空间形式都是基于同样的扭曲网格形成的空间。其中 a 是最典型的空间为主的群化空间。通过相同柱径的柱子的错动排列形成了扰动的空间关系。

　　在空间形式 b 中作为单元特征的线性构件扩展到了房间尺度的体形构件。这时空间产生了两层分化，在这种情况下其构件外部的空间仍然可以被辨识为群化空间，但围合空间的单元特征已经相对模糊，而体形构件内部的空间则完全独立。

　　在空间形式 c 中，构件内部空间彻底扩张成为建筑空间主体，其单元外壁相互连接将单元内部连成一个整体。在这种情况下，内部空间可以被辨识为群化空间，构件外部空间却被完全地撕裂成为群化的外部空间。

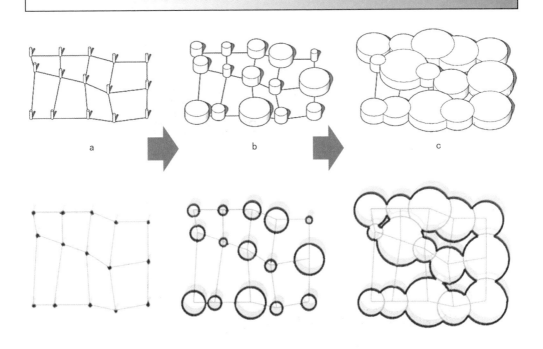

空间为主　　　　　　　　　　　　　　　　　　　　　　　　　　　　实体为主

a　　　　　　　　　b　　　　　　　　　c

空间为主：利用随机布柱形成透明性

项目名称：赫尔辛基图书馆设计竞赛
建筑设计：MenoMenoPiu Architects
图片来源：http://www.archdaily.cn

　　设计师将这座建筑看成一个森林温室，内部采用了与树林一样的结构体系。柱子在透明的玻璃表皮中若隐若现，形成了自然与建筑之间、光与影之间的联系。透明的表皮为建筑带来了高度的穿透性，能让建筑外部的人们对室内活动具有参与感，同时也让室内的读者与外部自然环境产生联系。透明的体量消减了城市的界限，使场地两边的公园和街道间的联系更为紧密。

空间为主：以密柱与周边环境相呼应

项目名称：Liget Budapest House of Music Competition
建筑设计：ARCVS
图片来源：http://www.photo.zhulong.com

该项目坐落于公园当中，项目基地内部和周边是繁茂的树林。

在设计中建筑通过细密的柱子将整个体量消解在周边的树林当中，同时建筑内部空间也与这些柱子产生关系，使其成为定义空间和组织空间的主要手段。

中间状态：由体量间的缝隙组织公共空间

项目名称：法国亚眠火葬场
建筑设计：PLAN 01
图片来源：自绘 + http://www.photo.zhulong.com

该建筑基于圆形这种具有强烈形象的几何形态为设计理念，通过房间体量间的缝隙形成了公共空间特殊的纪念感。在建筑的核心部位，建筑师通过对场地的特定诠释创造了一个中空空间，并与环境相互共鸣，其布局方式赋予了建筑空间高度的灵活性。

建筑师为这个承载着痛苦、回忆的特殊景观建筑，创造了一种具有尊严感、同时也能令人心情舒缓的建筑空间。

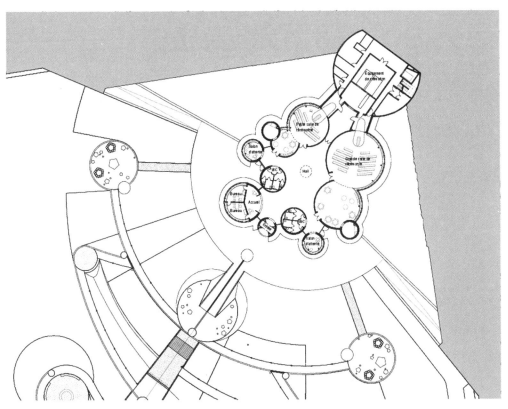

中间状态：以透明孔洞穿透空间

项目名称：匈牙利音乐之家博物馆
建筑设计：藤本壮介
图片来源：http://www.photo.zhulong.com

此博物馆综合体的特色在于其顶层空间的穿孔形态，阳光透过透明的孔洞从上方倾泻而下，穿过屋顶建筑空间进入下方画廊空间。对于屋顶内的建筑空间而言，贯穿其中的空洞就相当于透明的体形构件，使人们在一种连续而富有变化的空间中探索。通过这些孔洞可以观察周围的景色，同时脚下就是布达佩斯公园的绿地，让游客在一个特殊的角度观察感受周围的自然环境。周边自然的树林巧妙地融合进建筑当中，消除了建筑体与自然景观的空间隔阂。

中间状态：由散落形态组织空间

项目名称：北海道儿童精神康复中心
建筑设计：藤本壮介
图片来源：http://www.foldcity.com

建筑由方形单元散布形成，错落的量体之间留下了不少缝隙，这些看似毫无意图的空间反而成了建筑物内部孩子们活动的最重要场所，编织出一种介于建筑体与都市环境间的公共领域。这样的尝试在于提出一种随机而成的建筑造型方法，而这样的造型也意外地形成了特殊的地景。这个作品不仅揭示了一种有别于一般有明确目标的设计，同时也刻画出一种非传统几何学所具有的空间潜力。

中间状态：以毯式庭院干扰空间

项目名称：劳力士学习中心
建筑设计：SANNA
图片来源：http://www.photo.zhulong.com

建筑由一个长方体为原型，通过建筑底面的上下起伏，将大小形状不同的 13 个庭院联系起来，并将长方形建筑 4 个边向上抬起，使使用者可以从建筑中心的主入口进入建筑。建筑内部空间则主要受到多变庭院的干扰，每一个庭院都像一个巨大透明的柱子，围合的同时也暗示了整个空间的流动方向。

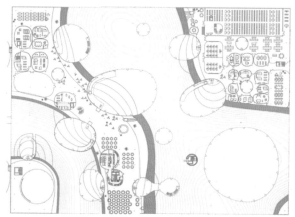

中间状态：利用腔体空间形成复合体系

项目名称：台中大剧院
建筑设计：伊东丰雄
图片来源：http://www.photo.zhulong.com

这座声音的涵洞通过如同海绵一样的腔体空间，成功地将两套空间系统复合在了一套结构内部。其如同神经元一般的组织方式，一方面使空间的组合和划分类型更加多变，另一方面也将外在的城市空间通过特殊的方式引入建筑当中。

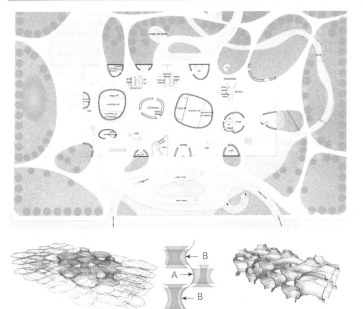

实体为主：个体单元拼接布局展厅

项目名称：包豪斯博物馆设计竞赛
建筑设计：Gonzalez Hinz Zabala
图片来源：http://www.photo.zhulong.com

  方案将建筑本体架空在基地内，以一个个类似"谷仓"的体量组合而成。怪异的造型之下是一个极为理性、高效的博物馆平面。设计师认为包豪斯风格的高度理性俨然已成过去式，新时代的包豪斯应该切身关注人的情感体验，这样的一座博物馆将带领大家走向一个新的设计时代。

实体为主：个体单元拼接布局展厅

项目名称：2015 米兰世博会西班牙馆的设计方案
建筑设计：Gonzalez Hinz Zabala
图片来源：http://www.photo.zhulong.com

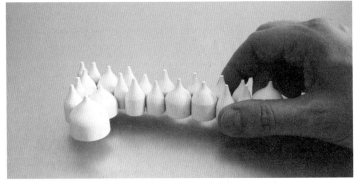

在这个参赛方案中设计者通过谷仓一般的单元空间将展厅串联起来，通过外在形体之间的相似性将其组织在一起。其所形成的展览空间中既包含了每个谷仓单元所形成的展览空间，同时也因谷仓单元间的互相联系形成多变的观展流线。在展览馆的首层，设计者通过架空的方式将建筑下部空间与场地融为一体，形成了谷仓单元下丰富的室外空间，丰富了室外活动和展览的进行。

实体为主：以体量组合布局房间

项目名称：日本 Nasu 锥形住宅
建筑设计：Hiroshi Nakamura & NAP
图片来源：自绘 + http://www.photo.zhulong.com

通过将建筑的房间与体量单元一一对应，使建筑空间和使用者形成很好的互动，每一个房间都具有了自己的中心和个性，而彼此之间也像家庭一般相互联系支持。这种结构可以对人们的生活习惯产生影响，以至于成为家庭成员间联系的纽带。

实体为主：以开放式体系形成变化

项目名称：马德里莱加内斯雕塑博物馆
建筑设计：MACA Estudio
图片来源：自绘 + http://www.archdaily.cn

建筑由 17 个正五边形组成，所有的五边形都是 9m 宽，两层高。所有五边形共同形成了一种开放式的体系，其建筑空间可以随着时间的变化而变化，并且可以根据用途进行重构，这就是"细胞"聚合的模式。通过这种模式建筑空间可以衍生出无限的可能性。

实体为主：对柱形空间单元切割形成变化

项目名称：鄂尔多斯动物园媒体中心
建筑设计：郑东贤
图片来源：自绘＋http://www.photo.zhulong.com

在鄂尔多斯动物园媒体中心的设计中，通过将所有相互连接的柱形重复空间进行切割，将其内部空间以及之外的剩余空间强化，使城市环境融入到建筑之中，从而形成街道，将建筑以文化形式展示出来，使建筑融入人们的生活成为一种新舞台。

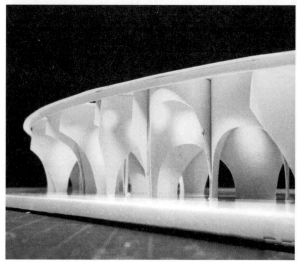

内 容 提 要

当代建筑作品中存在一种特殊的连续系统变化的空间类型，本书将这种符合群化组合法则的空间定义为"群化空间"。本书从视知觉的角度剖析群化空间的组织规律和其对人的心理行为的独特影响。全书包括三部分内容：第一部分探讨群化空间的构成要素，描述了群化空间中的生成机制；第二部分通过视知觉理论深入分析群化空间的组织原则以及设计中的空间导引的策略；第三部分研究群化空间的视知觉感知特性，并阐述了隐藏于"群化空间"形式背后的复杂系统关系。每一部分内容都结合大量国内外优秀建筑设计案例加以分析讲解，为读者提供了可以借鉴的设计策略。

本书可供建筑师、高等院校建筑专业师生、建筑学爱好者阅读使用。

图书在版编目（ＣＩＰ）数据

非标准群化 ：当代建筑"群化空间"理念与方法 /
甄明扬编著. -- 北京 ：中国水利水电出版社，2018.1
（非标准建筑笔记 / 赵劲松主编）
ISBN 978-7-5170-5877-9

Ⅰ．①非… Ⅱ．①甄… Ⅲ．①建筑群组合 Ⅳ.
①TU-024

中国版本图书馆CIP数据核字 (2017) 第235841号

书　　名	非标准建筑笔记 非标准群化——当代建筑"群化空间"理念与方法 FEIBIAOZHUN QUNHUA——DANGDAI JIANZHU "QUNHUA KONGJIAN" LINIAN YU FANGFA
作　　者	丛书主编　赵劲松 甄明扬　编著
出版发行	中国水利水电出版社 (北京市海淀区玉渊潭南路1号D座　100038) 网址: www.waterpub.com.cn E-mail: sales@waterpub.com.cn 电话: (010) 68367658 (营销中心)
经　　售	北京科水图书销售中心 (零售) 电话: (010) 88383994、63202643、68545874 全国各地新华书店和相关出版物销售网点
排　　版	北京时代澄宇科技有限公司
印　　刷	北京科信印刷有限公司
规　　格	170mm×240mm　16开本　8.5印张　132千字
版　　次	2018年1月第1版　2018年1月第1次印刷
印　　数	0001—3000册
定　　价	45.00元